ABORDAJE INTEGRAL DEL PACIENTE TERMINAL

Autora: Verónica Pérez Menéndez

ÍNDICE

1. INTRODUCCIÓN

1.1. ANTECEDENTES Y SITUACIÓN ACTUAL

A lo largo de la historia de Occidente la actitud del hombre frente a la muerte no ha sido siempre la misma.[1]

Durante la alta Edad Media existía la llamada *"muerte doméstica"*. El moribundo, consciente de su próximo deceso, invita a sus seres queridos a reunirse alrededor de su lecho y realizaba llamado *"rito de la habitación"*. En esto consistía la *"buena muerte"*, en aquella que ocurría junto a los seres queridos *y* que era anticipada por el moribundo, pudiendo éste disponer de tiempo para preparar sus asuntos personales, sociales y espirituales. [1]

En la baja Edad Media adquieren fuerza las ideas del juicio final, con la preocupación por identificar las sepulturas y así poder ser enterrados junto a sus seres queridos, del purgatorio y de la salvación a través de la realización de obras materiales y espirituales. Esta etapa es llamada la *"muerte de uno mismo"*. [1]

A partir del siglo XIX la fascinación por la muerte de uno mismo es transferida a la preocupación por la muerte del ser querido, la llamada *"muerte del otro"*. Ello se manifiesta en la expresión pública y exagerada del duelo y el inicio del culto a los cementerios, tal como lo conocemos en la actualidad. [1]

Con la I Guerra Mundial comienza un proceso llamado *"muerte prohibida"*, en el que la muerte es apartada de la vida cotidiana. En este período la muerte es eliminada del lenguaje, arrinconada como un fenómeno lejano, extraño y vergonzoso. La muerte deja de ser esa muerte esperada, acompañada y aceptada de los siglos precedentes. [1]

Hasta el siglo XIX, el alivio de síntomas fue la tarea principal del tratamiento médico, ya que las enfermedades evolucionaban básicamente siguiendo su historia natural. [1]

Durante el siglo XX la medicina cambio de orientación, concentrando sus esfuerzos en descubrir las causas y curas de las enfermedades. De esta manera, y en relación a importantes avances técnicos y al aumento general de las expectativas de vida de la población, el manejo sintomático fue relegado a segundo plano e incluso despreciado por la comunidad médica. Es así como no es sorprendente que la actualidad, la medicina esté orientada fundamentalmente a prolongar las expectativas de vida de la población más que a velar por la calidad de ésta como objetivo en sí mismo. [1]

La visión integral del paciente ha sido reemplazada por la aplicación sistemática de tratamientos indicados por especialistas diferentes, fenómeno que se observa incluso en la atención de pacientes terminales. Esta visión parcelada del enfermo puede conducir a lo que actualmente se conoce como encarnizamiento terapéutico, en lugar de dar pie a un apoyo de calidad para atender las necesidades de aquellos pacientes que simplemente se encuentran fuera del alcance terapéutico curativo. Esto también se ve reflejado en el gran vacío que existe en las mallas curriculares de medicina y enfermería en relación a cómo cuidar adecuadamente a enfermos incurables y con expectativas de vida limitadas. [1]

En la década de los sesenta se originan, en distintos países pero principalmente en Inglaterra, movimientos que nacieron de la reacción de pacientes graves incurables y de sus familias y que tenían como objetivo mejorar el apoyo dado a enfermos en fase terminal. Este movimiento sentó un precedente que desafió abiertamente a una medicina moderna que, en consecuencia, debió replantearse para aceptar su impotencia. [1]

Cecily Sunders, líder de la medicina paliativa contemporánea, observa que la tendencia actual de esconder al moribundo la verdad sobre su pronóstico y condición, de reemplazar la casa por el hospital como lugar de muerte y de no permitir un despliegue emocional en público después de una pérdida, son solo fenómenos que dan cuenta de cómo, como sociedad no hemos encontrado, o hemos perdido, la manera de hacer frente y de asumir nuestra mortalidad y la del resto. [1]

1.2. DEFINICIÓN OBJETIVOS

- Conocer los síntomas más relevantes que padece el paciente terminal.
- Explicar las principales vías de administración de fármacos en el paciente con cuidados paliativos.
- Detallar la relación que tiene el paciente con los profesionales de la salud.

1.3. JUSTIFICACIÓN

En las últimas cuatro décadas el mundo ha experimentado un descenso sostenido y gradual de las tasas de natalidad y mortalidad. Consecuentemente, y en relación a la mejoría en el control de las enfermedades infecciosas, la creciente urbanización, la industrialización y los cambios en los estilos de vida, se ha producido un aumento en las expectativas de vida de la población, resultando en un perfil sociodemográfico caracterizado por el envejecimiento progresivo de la sociedad y una alta prevalencia de enfermedades crónicas no transmisibles. [1]

Actualmente la esperanza de vida promedio mundial es de 65 años, 7 años más de lo que se esperaba a finales de años sesenta. Se prevé que para el año

2025, un tercio de la población mundial tendrá más de 65 años. [1]

Por otra parte, las enfermedades crónicas son la causa actual del 60% de las muertes prematuras a nivel mundial (fuente OMS). Entre ellas, las enfermedades relacionadas con el fallecimiento de la población son las enfermedades cardiovasculares y los tumores malignos. [1]

2. METODOLOGÍA

Para esta revisión bibliográfica narrativa sobre el paciente terminal se ha utilizado como herramientas de búsqueda a Google Académico y las bases de datos PubMed, Medline y Scielo.

Se han utilizado las palabras clave dolor, paciente terminal, relaciones paciente-enfermera, cuidados paliativos y relación médico-paciente. Como criterios de inclusión los artículos de investigación, guías y revisiones bibliográficas publicadas entre los años 2009-2019 en español y que tratasen sobre el paciente adulto terminal.

Como criterios de exclusión todos aquellos artículos, guías y revisiones bibliográficas publicadas en otro idioma diferente al español, que tratasen sobre el paciente infantil terminal y que estuvieran fuera del período de tiempo anteriormente indicado.

Para esta revisión bibliográfica se han revisado un total de 15 documentos de los cuales 11 eran artículos de investigación, 1 guía de cuidados y 3 revisiones bibliográficas.

3. DESARROLLO Y DISCUSIÓN

3.1. SÌNTOMAS MÁS RELEVANTES QUE PADECE EL PACIENTE TERMINAL:

3.1.1. Dolor

El dolor, a pesar de no ser el único síntoma, es el que más angustia genera al paciente y la familia, por ello es prioritario abordarlo de una forma eficaz y precoz. Esta situación determina un enfoque terapéutico diferente, ya que en el paciente terminal el tiempo adquiere una dimensión crucial. Este hecho implica la necesidad de valorar cuidadosamente la agresividad en las decisiones terapéuticas y el beneficio esperando, comprendiendo que unas horas de dolor en un paciente terminal suponen un gran sufrimiento, añadido a la propia situación de terminalidad. Al tratarlo se evitan numerosas alteraciones orgánicas y psicológicas como consecuencia de la situación álgida. [2]

El dolor, según la Real Academia Española, es *la sensación molesta y aflictiva de una parte del cuerpo por causa interior o exterior, sentimiento de pena y congoja*. En 1973, en Seattle (Washington), se celebra el Primer Simposio sobre el dolor y se crea la Asociación Internacional para el Estudio de Dolor (IASP siglas en inglés), definida como: *"Una experiencia sensorial y emocional desagradable, asociada con una lesión hística presente o potencial, o descrita en términos de la misma"*. Es un fenómeno con un importante componente subjetivo por las emociones que se producen durante su percepción.[2]

3.1.1.1. Epidemiología del dolor

Cuatro millones de personas sufren dolor por cáncer cada día, su prevalecía oscila entre 52-82%, siendo entre 40-50% de moderada a severa intensidad y de 25-30% insoportable; aumenta con la edad llegando a 42,6% en las personas de más de 65 años. Es una de las principales manifestaciones clínicas del paciente con cáncer. La OMS estima que 30% de los pacientes con cáncer presentan dolor mientras reciben tratamiento activo y de 60-90% lo sufren en la etapa avanzada de la enfermedad. Cada año se diagnostican 17 millones de nuevos casos de cáncer y 5 millones de muertes por dicha causa.[2]

3.1.1.2. Clasificación del dolor.

Según la duración se clasifica como: [2]

- Agudo: Indica la existencia de una lesión tisular tras la activación de mecanismos nociceptivos. Se considera "útil", ya que avisa la existencia de un proceso cuyo diagnóstico se orienta por su naturaleza, extensión, duración e intensidad. Su duración por lo general es inferior a un mes, aunque puede llegar a tres meses, con un comienzo definido y una causa reconocible. Puede acompañarse de ansiedad, el tratamiento suele ser etiológico y de escasa dificultad.

- Crónico: Constituye por sí mismo una entidad nosológica, su cronificación disminuye el umbral de excitación y produce modificaciones psíquicas que dan lugar a la "fijación del dolor". Es un dolor "inútil", sin valor semiológico y sin propiedades fisiológicas reparadoras, su tratamiento debe incluir tres vertientes: farmacológicas, psicológicas y rehabilitadora. Este tipo de dolor persiste tras un período razonable después de la resolución del proceso originario, no siendo útil para el sujeto e imponiendo al individuo, así como a su familia a un severo estrés físico, psíquico o económico, siendo además la causa más frecuente de incapacidad, constituye un serio problema para la sociedad. Tiene una duración de tres a seis meses o superior. La causa habitualmente no se identifica, el comienzo es indefinido y no existe relación entre el estímulo y la intensidad álgica y el dolor irruptivo (exacerbaciones transitorias en forma de crisis de elevada intensidad, instauración rápida y corta duración; se produce sobre el dolor crónico).

3.1.1.3. Tipos de dolor.

Por sus características fisiológicas o farmacológicas se distinguen los siguientes tipos: [2]

- Dolor nociceptivo: Que puede ser somático (cuando se estimulan los receptores del dolor específicos en los tejidos cutáneos y conjuntivos profundos; cuanto más superficiales sean esos receptores mejor será la localización del dolor); y visceral (se produce por la lesión, distensión, obstrucción o inflamación de órganos torácicos, abdominales o pélvicos).

- Dolor neuropático: Causado por la lesión o la

destrucción de los nervios localizados en el sistema nervioso periférico o central, de características lancinantes, "como un latigazo" y de difícil control.

- Dolor mixto: Con características de ambos grupos.

La mayoría de los pacientes presentan dos o más tipos de dolor pudiendo ser de distinta patogenia (nociceptivo, neuropático, etc.), diversa patocromia (agudo o crónico) y de distinta etiología (invasión tumoral, tratamiento, infección, etc.) [2]

3.1.1.4. Escalas e instrumentos de medición.

Se han desarrollado escalas de evaluación con el objetivo de evaluar, reevaluar y comparar el dolor, su aplicación fundamental es la valoración de la respuesta al tratamiento, más que el diagnóstico. Los instrumentos diseñados son subjetivos, siendo la base de la intensidad del dolor lo que refiere el propio paciente, los hay que miden una única dimensión y los multidimensionales. Las escalas deben contemplar las diferencias cognoscitivas del lenguaje y sensoriales, y las unidimensionales más empleadas en la práctica clínica son: [2]

- Escala numérica de intensidad del dolor: Valora el dolor mediante números que van de mayor a menor en relación con su intensidad, las más empleadas van del 0 al 10, siendo el 0 la ausencia del dolor y el 10 el máximo dolor. Es clave en personas que padecen de trastornos visuales importantes. Para algunos enfermos puede no ser comprensible este tipo de escala.

- Escala descriptiva simple de intensidad de dolor: El paciente expresa la intensidad de su dolor mediante un sistema convencional, unidimensional, donde se valora desde la ausencia del dolor hasta el peor dolor posible.

- Escala visual analógica (EVA): Es el método subjetivo más empleado. Consiste en una línea recta o curva, horizontal o vertical, de 10 cm de longitud, en cuyos extremos se señalan los niveles de dolor mínimo y máximo. El paciente debe marcar con una línea el lugar donde cree que corresponde la intensidad de su dolor. La más empleada es la línea recta horizontal.

- Escala de círculos y colores: Evalúa la intensidad del dolor en correspondencia con la de los colores de los círculos.
- Escala abreviada de rostros: Es la indicada en niños y pacientes con alteraciones cognoscitivas importantes (demencias).

- Escala de Anderson: Se utiliza principalmente en los pacientes con bajo nivel de conciencia, va del 0 al 5 según los siguientes ítems: 0: no dolor, 1: no dolor en reposo, ligero dolor en la movilización o con la tos; 2: dolor ligero en reposo, moderado en la movilización o con la tos; 3: dolor moderado en reposo, intenso en la movilización o con la tos; 4: dolor intenso en reposo, extremo en la movilización o con la tos; 5: dolor muy intenso en reposo.

Es muy importante realizar valoraciones a los enfermos terminales de forma regular, ya que la sintomatología puede cambiar con gran rapidez. Una valoración apropiada exige considerar las múltiples dimensiones de su expresión en un paciente determinado, sobre todo en los casos con respuesta limitada o nula a los analgésicos administrados de una manera regular.

En el paciente no oncológico, y fundamentalmente en los ancianos, es importante medir otros parámetros además de la intensidad y las características del dolor como son la funcionalidad física y psíquica, el apoyo social y la calidad de vida del paciente mediante la evaluación geriátrica, ya que en estos enfermos lo que se pretende es aumentar su capacidad funcional. [2]

3.1.1.5. Tratamiento farmacológico del dolor.

El tratamiento del dolor siempre debe ser una prioridad para el médico, tanto cuando es posible y predecible su desaparición por la resolución del proceso causal (dolor posoperatorio, dolor agudo en general), como cuando la resolución del proceso etiológico no es posible (dolor oncológico, dolor crónico no maligno), o cuando a pesar de la desaparición de la causa desencadenante el síndrome doloroso persiste (dolor crónico neuropático, desaferentativo). El objetivo del tratamiento farmacológico debe perseguir el control del síntoma o su alivio, entendiendo por control su desaparición, y por alivio la mejoría en la percepción del mismo. [2]

El método terapéutico propuesto y más utilizado es La Escala Analgésica de la Organización Mundial de la Salud (OMS), aceptada como una excelente herramienta educativa. El primer documento se publica en 1984. La Escala Analgésica de la OMS, también se denomina escalera del dolor, escalera terapéutica del dolor o simplemente escalera analgésica, para describir un método o protocolo de tratamiento y control del dolor en el cáncer. Se considera eficaz en un 90% de los enfermos y en más del 75% de los pacientes terminales de la enfermedad. Este método establece normas básicas para el uso y administración de fármacos como una adecuada cuantificación del dolor, la administración por vía oral, mediante reloj en mano, usando la escalera analgésica, teniendo en cuenta la administración de fármacos según el sujeto y prestando mucha atención al detalle. [2]

En su origen la escalera analgésica consta de tres escalones. Actualmente sufre algunas modificaciones al considerarse que puede alcanzar hasta cinco escaños que integran el uso de vías alternativas y técnicas invasivas y considerando, además, fármacos coanalgésicos, intervención psicológica y de apoyo emocional. [2]

3.1.2. Disnea

En pacientes oncológicos se presenta en el 15% inicialmente y en el 70% de los casos avanzados o terminales. Algunos enfermos tienen un umbral de disminuido: aquellos con enfermedad respiratoria, desnutridos, angustiados o deprimidos. El tratamiento debe ser orientado al problema primario (cirugía, quimio o radioterapia para el alivio de la obstrucción bronquial, punción y drenaje de derrames pleurales o de ascitis) o al manejo sintomático, el que puede requerir disminución de la demanda ventilatoria mediante reposo, antipiréticos, sedantes, psicoterapia o narcóticos. Otras medidas orientadas a controlar factores agravantes son: [3]

- Antibióticos: Para el control de la infección y disminuir el caudal de la secreción bronquial.

- Transfusión de glóbulos rojos: Con hemoglobina menor de 7mg/dl. Esta indicación, al igual que los antibióticos, puede ser distanásica.

- Oxigenoterapia por naricera: Es capaz de disminuir la disnea y la angustia.

- Broncodilatadores: En aerosol o intravenosos, útiles en pacientes con obstrucción bronquial reversible.

- Narcóticos: A nivel cortical aumentan el umbral de disnea; su acción analgésica permite controlar la ansiedad gatillada por dolor y su acción a nivel de centros respiratorios posibilita el soportar la hipoxemia e hipercapnia terminales.

- Sedantes: Controlando la ansiedad disminuyen la disnea; es importante recordar la potenciación de la depresión del centro respiratorio en la asociación con narcóticos.

- Agonistas alfa: La clonidina puede ser útil por su efecto central analgésico y sedante. Puede provocar hipotensión arterial y agravar la disnea por alteración de la relación ventilación-perfusión.

- Terapia de apoyo: La información adecuada sobre la naturaleza de la enfermedad, el cariño de sus terapeutas y familiares y la satisfacción de sus necesidades básicas son importantes para disminuir la percepción de disnea. Lo más importante y quizás lo más difícil es lograr el conocimiento íntimo del paciente, su enfermedad y su familia, para anticiparse a manejar angustias y ajustar la terapia médica lo más precisamente posible para asegurar confort y dignidad sin acelerar o retardar innecesariamente la muerte para quedar con la sensación que se ha hecho un bien y no un daño.

3.1.3. Náuseas y vómitos

Las náuseas pueden presentarse precediendo al vómito o aisladamente. Pueden desencadenarse por varios mecanismos (Feldman, 1985): emocionales, aumento de la presión intacraneana, estímulos sensoriales, alteración funcional o anatómica gastrointestinal, dolor acentuado, efecto colateral de fármacos, estímulo vestibular. Las causas de vómito pueden clasificarse en 5 grupos: [3]

1. Origen en el SNC: a) Funcionales: psicógeno

33

primario (el que no se relaciona a desencadenantes conocidos) y psicógeno secundario (el que acompaña a trastornos emocionales); b) Orgánico: vómito explosivo de la hipertensión intracraneana.

2. Tóxicos: Por estimulación de centros del vómito o por irritación de la mucosa gástrica. Entre los desencadenantes centrales destacan digitálicos, narcóticos, histamina, citostáticos y agonistas de la dopamina. Entre los irritantes locales metilxantinas,

antiinflamatorios no esteroideos, antibióticos. Los trastornos metabólicos, tales como el síndrome urémico, cetoacidosis diabética, coma hepático, pueden acompañarse de vómitos debido a la acumulación anormal de metabolitos.

3. Viscerales: Por enfermedades orgánicas del tracto digestivo, con o sin obstrucción, enfermedad bilio-hepática o trastornos cardiovasculares.

4. Metabólicas y nutricionales: Hiper o avitaminosis, ayuno prolongado, desnutrición y algunos trastornos

endocrinos, como el hipotiroidismo y la insuficiencia suprarrenal.

5. Vértigo postural: En cuadros que comprometen la función vestibular o en pacientes que están recibiendo narcóticos intratecales.

Para su manejo es necesario precisar el diagnóstico mediante una anamnesis y un examen físico dirigidos, existiendo síntomas y signos orientadores. Por ejemplo, vómito postprandial inmediato y sin compromiso del peso en los funcionales; sin náusea y de carácter explosivo en la hipertensión intracraneana; postprandial precoz (1 a 4 horas) en lesiones gastroduodenales. En conjunto con la evolución de la enfermedad de base y de las intercurrentes, así como con los factores colaterales del tratamiento, es posible precisar el mecanismo causal y su tratamiento racional. Es mejor prevenir la aparición de estos síntomas, especialmente en pacientes terminales manejados en su domicilio. [3]

3.1.4. Anorexia

Es la incapacidad del paciente para comer normalmente. La causa principal es la propia carga tumoral, pero también influyen: el miedo al vómito, la saciedad precoz, disfunción anatómica, estreñimiento, dolor y fatiga, alteraciones en la boca, hipercalcemia, ansiedad y depresión, y efectos secundarios del tratamiento. [4]

3.1.5. Estreñimiento

El estreñimiento es un síntoma frecuente, alrededor del 60% en enfermos terminales, y que preocupa bastante al enfermo y a sus familiares debido a una serie de molestias que puede ocasionar, así como por diversos factores culturales bien conocidos. Por otra parte, también es cierto que a veces observamos una adaptación a la situación con el razonamiento de que "al no comer mucho, es natural que no ensucie", cuando se sabe que al menos tiene que haber una deposición cada 3-4 días incluso en estos casos. Llega un momento en la evolución de la enfermedad en que la constipación deja de ser un problema, cuando el enfermo presenta ya un estado general extremadamente deteriorado que nos será fácil de identificar. Las causas de la constipación, como la mayoría de síntomas, son multifactoriales. Podemos sintetizarlas en: [4]

- Causas debidas a la enfermedad de base: Disminución de la ingesta de sólidos y líquidos, patología intraabdominal por cáncer asociada, paraplejia, etc.

- Causas asociadas a tratamientos farmacológicos: Opiáceos, anticolinérgicos, fenotiacinas, antidepresivos tricíclicos, etc.

- Causas asociadas a la debilidad: Encadenamiento, imposibilidad de llegar al baño cuando se presenta el estímulo, confusión, etc.
- Causas intercurrentes: Hemorroides, fisuras anales, habituación a laxantes, etc.

Las molestias que puede ocasionar la constipación son sensación de distensión abdominal, flatulencia, mal sabor de boca, lengua saburral, retorcijones o incluso náuseas y vómitos en casos extremos. En enfermos muy deteriorados puede presentarse inquietud o estado confusional. Es necesaria una exploración abdominal completa, que incluirá tacto rectal si lleva más de 3 días sin deposición, con el objetivo de descartar la impactación rectal. [4]

La estrategia terapéutica adecuada, después de haberse realizado la valoración de posibles etiologías, comprenderá la aplicación de una serie de medidas generales combinadas con el uso de laxantes y, en caso, medidas rectales con el objetivo de conseguir una deposición cada 1-3 días. En cualquier caso es muy importante la prevención de la impactación fecal ya que supone un sobreesfuerzo muy importante y a menudo muy doloroso para estos enfermos ya muy debilitados. [4]

3.1.6. Alteraciones bucales

En el enfermo terminal hay una alteración de las propiedades de la boca provocada por diferentes causas y que dan lugar a numerosos problemas de los que cabe destacar por su elevada frecuencia la sequedad de boca. Los objetivos para prevenir estas alteraciones son:[4]

- Control: Prevención del dolor de boca.
- Mantener mucosa y labios húmedos, limpios suaves e intactos haciendo prevención de infecciones y promoviendo así su confort.
- Eliminar la placa bacteriana y restos alimentarios para evitar la

halitosis, procurando no perjudicar la mucosa.

- Además, evitar preocupaciones y molestias innecesarias y aislamiento social.

Podemos decir que la comunicación, el bienestar y la satisfacción de comer dependen en parte de una buena higiene bucal; por lo tanto, ésta es fundamental para el enfermo terminal. Enfermeras y médicos deben educar al paciente y familiares aconsejando diferentes métodos y utensilios, respetando las preferencias y estimulando las iniciativas de aquellos en este sentido. [4]

3.2. PRINCIPALES VÍAS DE ADMINISTRACIÓN DE FÁRMACOS EN EL PACIENTE CON CUIDADOS PALIATIVOS

En el enfermo terminal la vía de elección para la administración de fármacos y fluidos, la vía oral, es la primera elección en cuidados paliativos. Los pacientes oncológicos en fase terminal conservan ésta vía hasta días antes de su muerte; sin embargo, en determinadas circunstancias no hay posibilidad de administrar medicación por vía oral, en estos casos, el enfermo necesitará otras alternativas y una excelente opción es la vía subcutánea.[5]

Trujillo y colaboradores, mencionan que el 80% de los pacientes con cáncer y en fases avanzadas de enfermedades crónicas tienen problemas para recibir medicamentos por vía oral. Otros estudios revelan que entre el 53 y 70% de los pacientes oncológicos en situación terminal, van precisar una vía alterna para la administración de fármacos, estos porcentajes se incrementan cuando el paciente se encuentra en situación agónica. [5]

Entre las causas que motivan la pérdida de la vía oral se encuentran: náuseas y vómitos de cualquier etiología, oclusión intestinal no susceptible de tratamiento quirúrgico, convulsiones, delirium, estados confusos, disfagia, disnea y agonía. [5]

La vía endovenosa es otra forma de administrar medicamentos al paciente pero es una técnica que interfiere en la movilidad del paciente y es poco aceptada en las familias, sobre todo a nivel domiciliario. [5]

La vía intramuscular puede resultar ser muy dolorosa para el paciente a la hora de usar determinados fármacos, además no es una vía de elección para tratamientos que vayan a ser usados de forma prolongada en el tratamiento del paciente terminal. [5]

Por último queda la vía subcutánea, que es la más utilizada. Por esta vía se elimina el primer paso del metabolismo hepático y no es tan dolorosa porque los receptores del dolor en la hipodermis son escasos. Además las cualidades de la hipodermis facilitan el tratamientos por esta vía; ya que, se extiende por toda la superficie corporal, no está limitado su acceso, está altamente irrigada y favorece la absorción de fármacos y tiene gran capacidad de distensión por el tejido conectivo que forma los septos, permite administrar volúmenes importantes de líquidos en su interior y recobrar su estado natural tras su reabsorción. Entre las ventajas de esta vía está que es un método sencillo, de manera que no se requiere ser personal relacionado con el área de salud para su manejo, es segura por su escasa incidencia de efectos secundarios, de bajo coste ya que no requiere tecnología compleja o costosa, tiene autonomía, es más aceptada por la familia, permitiendo el cuidado del paciente en casa, es más eficaz en el control de síntomas, mejora la calidad de vida del paciente y cvita la hospitalización. Las desventajas son; que no se utiliza en pacientes que presenten trombocitopenia o problemas de coagulación y la toxicidad local (abscesos, edema y eritema). [5]

3.3. LA RELACIÓN QUE TIENE EL PACIENTE CON LOS PROFESIONALES DE LA SALUD

3.3.1. Relación enfermera-paciente.

Los Cuidados Paliativos consideran que la fase final de la vida para un enfermo puede ser un período útil, no sólo para conseguir el alivio de sus molestias, reducir la sensación de amenaza que éstas significan para su vida, sino también para ayudar, si es posible, a su propia realización personal y a la satisfacción de otras necesidades. [6]

La Profesión de Enfermería establece: [6,7]

- Dar atención global al paciente, con una

actitud activa y positiva de los cuidados, superando el "no hay nada más que hacer".

- Dar importancia a la comunicación y soporte emocional en las diversas etapas de adaptación a la enfermedad terminal.

- Controlar los síntomas comunes de la enfermedad, especialmente del dolor, si es posible con tratamientos curativos, de apoyo y de prevención.

- Reconocer al paciente y a la familiar como una unidad.

- Respetar los valores, preferencias y elecciones del paciente.

- Considerar siempre las necesidades globales de los enfermos, evitar su aislamiento a través de seguridad, del no abandono y mantener siempre una comunicación adecuada.

- Reconocer las preocupaciones del cuidador primario y apoyarle en sus necesidades mediante diversos servicios de soporte.

- Ayudar a implementar el cuidado domiciliario.

- Promover acciones para conseguir que el enfermo muera en paz.

- Dar apoyo a la familia después de la muerte del paciente, intentando en la medida de lo posible evitar la aparición del duelo patológico.

- Ofrecer asesoría y soporte ético-legal.

- Desarrollar infraestructuras Institucionales que apoyen las mejores prácticas y modelos de Cuidados Paliativos.

El consentimiento informado es un proceso de información y comunicación entre el equipo y el enfermo, que puede culminar con la autorización de procedimientos o tratamientos cuyos riesgos, beneficios y alternativas haya descrito el médico anteriormente. En ausencia de un verdadero proceso de comunicación resulta imposible que una persona pueda decidir de manera libre y responsable. Dicho esto, queda claro que resulta fundamental que los profesionales dediquen tiempo suficiente a la información y comunicación lo cual les dará la oportunidad de conocer los valores del enfermo y su concepto de calidad de vida, así como saber qué tipo de relación mantiene con su familia. [6]

3.3.2. Relación médico-paciente.

La relación médico-paciente es aquella que se establece entre un profesional de la salud y el ser humano que acude a solicitar sus servicios por presentar un problema de salud. El sujeto tiene una enfermedad, y el médico o profesional se salud está formado para dar asistencia al problema. [8]

Esta relación interpersonal, que conduce a conocer o diagnosticar la dolencia del enfermo, y que se ordena en seguida a la ejecución de los actos propios del tratamiento, inicia su curso desde el momento en que se establece el vínculo, es una relación sanadora que constituye el pilar que define a la medicina y el origen de las funciones del médico que la ejerce. En esta relación médico-paciente intervienen tanto elementos racionales como emocionales. Por un lado, tenemos la confianza en el profesional y, por otro, la razón y el arte con los cuales el médico debe conocer la vulnerabilidad en que el paciente se encuentra. No se trata, sin embargo, de una relación de igualdad. La relación se basa en el voto de confianza (con frecuencia absoluta) que el paciente le da al médico y en la tarea de éste al establecer un vínculo entre la medicina y el paciente como individuo único y sujeto vulnerable. [8]

La relación médico-paciente, como forma especial de relación humana, está determinada por ciertas características como son: [8]

- Respeto al ser humano enfermo.
- Respeto y confianza mutuos.
- Respeto por la autonomía del paciente.

En el caso de la relación médico-paciente terminal se plantean ciertas diferencias fundamentales con aquella que se puede desarrollar con otro tipo de enfermos. Para el médico se da un cambio en la manera de priorizar los fines de la medicina, que tradicionalmente se reconocen como curar la enfermedad. En la etapa terminal ya no se pretende la mejoría del paciente; por otro lado, el paciente se enfrenta a lo que culturalmente hemos negado, como es la inevitabilidad de la muerte, que genera permanentemente inquietud y dudas. En la relación con el paciente terminal cualquier forma de expresión (silencios, gestos, palabras) adquiere matices y significados distintos a los que tendría en un contexto normal, generando ansiedad o tranquilidad tanto para el paciente como para el médico. [8]

Los objetivos del tratamiento de un enfermo en una condición terminal, según la Organización Mundial de la Salud (OMS), deben ser: [8]

- Mejorar la calidad de vida.
- Aliviar el dolor y otros síntomas.
- No alargar ni acortar la vida.
- Dar apoyo psicológico, social y espiritual.
- Reafirmar el valor de la vida.

- Considerar la muerte como parte de un proceso normal.

- Proporcionar sistemas de apoyo para la vida sea lo más activa posible.

- Dar apoyo a la familia durante la enfermedad y el duelo.

La relación médico-paciente terminal que busca alcanzar estos objetivos tiene la característica de ser profundamente humana ya que los temores más íntimos de ambos, médico y paciente, quedan descubiertos y en algún grado se comparten; es necesario saber identificar el dolor y el sufrimiento, ayudar a encontrar su sentido, además de buscar controlarlos o mejorarlos, basándose en lo posible en la experiencia personal derivada de la reflexión profunda sobre esta temática propia de la condición humana, unida a componentes importantes de empatía y compasión. [8]

4. CONCLUSIONES

La medicina contemporánea se encuentra ante el desafío de brindar cuidados en medio de la tensión entre la medicina orgánica que intenta la objetivación de la enfermedad y la medicina que incluye la subjetividad del paciente, su historia personal, su marco cultural y social. Esta tensión propia de la medicina es positiva y genera evolución y crecimiento en las Ciencias de la Salud, siempre que se respeten las demandas de cada una en el cuidado de los pacientes, la mejor preparación científica en la prevención, diagnóstico, tratamiento y paliación de las enfermedades y la mejor atención a la persona y al contexto en el que pertenece. [9]

El desarrollo de estándares organizativos y de calidad en Cuidados Paliativos, es el comienzo para garantizar la excelencia en la asistencia sanitaria dentro de este campo. Ello es importante tanto para los profesionales, los pacientes y para una adecuada política socio sanitaria nacional acorde a las necesidades de la población. La implementación y desarrollo de los Cuidados Paliativos no es sólo un buen indicador de la eficiencia del sistema de salud, sino también de la dignidad de la sociedad que lo implementa. [9]

Los profesionales de la salud tienen un papel fundamental en el proceso de acompañamiento al enfermo en su etapa final. Aunque no haya recuperación posible, la sociedad espera su apoyo en todo el proceso de la enfermedad y su intervención puede ser de un beneficio enorme para prevenir el sufrimiento y mejorar la calidad de vida del paciente y su familia. [10]

5. BIBILIOGRAFÍA

[1] Del Río M.I., Palma A. Cuidados Paliativos: historia y desarrollo. [Internet] 2009 [citado 2019 Jun 04]; 16-22. Disponible en: http://www.agetd.com/phpfm/documentos/publicos/paliativos/Historia_de_los_Cuidados_Paliativos.pdf

[2] Zas Tabares V., Rodríguez Rodríguez J., Silva Jimenez E. El dolor y su manejo en los cuidados paliativos. Panorama Cuba y Salud [Internet] 2013 [citado 2019 Jun 04]; 8(3): 41-48. Disponible en: http://www.revpanorama.sld.cu/index.php/panorama/article/view/31

[3] Dagnino J., Guerrero M. Cuidados Paliativos. Ars Médica [Internet] [citado

2019 Jun 04]; 23(3). Disponible en:
file:///C:/Users/PC/Desktop/MASTERS/104
8-3901-1-PB.pdf

(4) SECPAL- Guía de Cuidados Paliativos.
[Internet] 2014 [citado 2019 Jun 04]; 1-51.
Disponible   en:
https://cmvinalo.webs.ull.es/docencia/Posg
rado/8-CANCER%20Y%20CUIDADOS-
PALIATIVOS/guiacp.pdf

(5) Bautista Eugenio V., Salinas Cruz J. La
vía subcutánea opción para el paciente
terminal cuando se pierde la vía oral. Rev.
Enferm. Inst. Mex. Seguro Soc. [Internet]
2009 [citado 2019 Jun 04]; 17(3): 149-152.
Disponible   en:
https://scholar.google.es/scholar?hl=es&as
_sdt=0%2C5&q=la+v%C3%ADa+subcutan
ea+opci%C3%B3n+para+el+paciente+term
inal+cuando+se+pierde+la+v%C3%ADa+o
ral&btnG=

(6) Merino López N., Reyes Miranda T., Reyes Nieto M.E. Ética, Bioética y Legalidad en los Cuidados Paliativos; Competencia de Enfermería. Rev. Del Inst. Nacional de Cancerología [Internet] 2010 [citado 2019 Jun 04]; 5: 37-44. Disponible en: http://incan-mexico.org/revistainvestiga/elementos/doc umentosPortada/1294868609.pdf

(7) Míguez Burgos A., Muñoz Simarro D. Enfermería y el paciente en situación terminal. Rev. Enf. Global [Internet] 2009 Jun [citado 2019 Jun 04]; 8(2): 1-9. Disponible en: https://revistas.um.es/eglobal/article/view/6 6321/63941

(8) Gajardo Ugas A., Lavados Montes C. El proceso comunicativo en la relación médico-paciente terminal. Persona y bioética [Internet] 2010 [citado 2019 Jun 04]; 14(1): 48-55. Disponible en:

https://dialnet.unirioja.es/servlet/articulo?co
digo=5749751

[9] Nadal C., Pincemin I. Cuidados
Paliativos: Derecho al final de la vida. Rev.
Debate Público [Internet] 2012 [citado 2019
Jun 04]; 4: 71-80. Disponible en:
http://trabajosocial.sociales.uba.ar/wp-
content/uploads/sites/13/2016/03/10_Nadal
-1.pdf

[10] Sarmiento Medina M.I. El Cuidado
Paliativo: Un recurso para la atención del
paciente con enfermedad terminal. Rev.
Salud Bosque [Internet] 2011 [citado 2019
Jun 04]; 1(2): 23-37. Disponible en:
file:///C:/Users/PC/AppData/Local/Temp/93
-Texto%20del%20artÃ-culo-99-1-10-
20150620.pdf

Alonso J.P. Cuidados Paliativos: entre la
humanización y la medicalización del final
de la vida. Ciencia y Salud Colectiva
[Internet] 2013 [citado 2019 Jun 04]; 18(9):

2541-2548. Disponible en: https://www.scielosp.org/pdf/csc/2013.v18n9/2541-2548/es

Ramírez P., Müggenburg C. Relaciones personales entre la enfermera y el paciente. Enfermería Universitaria [Internet] 2015 [citado 2019 Jun 04]; 12(3): 134-143. Disponible en: http://www.scielo.org.mx/scielo.php?script=sci_arttext&pid=S1665-70632015000300134&lng=es. http://dx.doi.org/10.1016/j.reu.2015.07.004.

Moreira de Souza R., Turrini R.N.T. Paciente oncológico terminal: sobrecarga del cuidador. Rev. Enf. Global [Internet] 2011 [citado 2019 Jun 04]; 22: 1-13. Disponible en: http://scielo.isciii.es/pdf/eg/v10n22/administracion2.pdf

Tejada Domínguez F.J., Ruíz Domínguez M.R. Abordaje asistencial en el paciente en fase avanzada de enfermedad y familia. Rev. Enf, Global [Internet] 2009 [citado 2019 Jun 04]; 8 (1). Disponible en: https://revistas.um.es/eglobal/article/view/4 9551/47401

Pérez Vega M.E., Cibanal L.J. Impacto psicosocial en enfermeras que brindan cuidados en fase terminal. Rev. Cuidarte [Internet] 2016 [citado 2019 Jun 04]; 7(1): 1210-1218. Disponible en: https://rua.ua.es/dspace/bitstream/10045/5 2237/1/2016_Perez_Cibanal_Cuidarte.pdf

www.ingramcontent.com/pod-product-compliance
Lightning Source LLC
Chambersburg PA
CBHW061216180526
45170CB00003B/1025